步印
地理

小猛犸童书

有趣的
地理知识
又增加了

这就是地图

郑利强 / 主编　王晓 / 著　段虹 / 绘

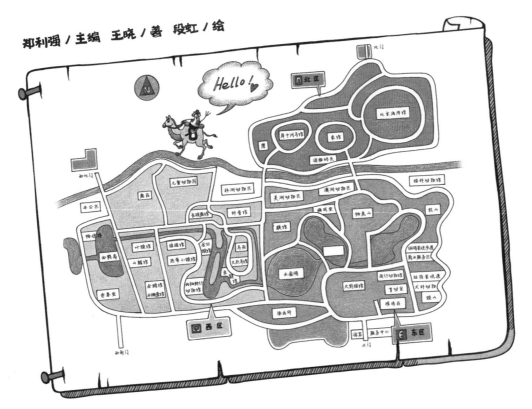

Hello!

电子工业出版社.
Publishing House of Electronics Industry

北京·BEIJING

前言

　　《有趣的地理知识又增加了》丛书为地理科普读物，面向儿童介绍了地图、山脉、地形、地震、河流、火山、方位与方向等地理相关知识，插图精美、内容丰富，逻辑性强。该套丛书深入浅出，以儿童的视知觉为基点，充满童趣的漫画角色将枯燥、深奥的地理学科专业知识架构逐一呈现，循序渐进。此外，书中以游戏提问的方式，引导儿童带着问题阅读，具有较强的启发性，利于小读者增加对地理学科的兴趣，提升其自学能力及探索精神，这是一套非常适合学龄儿童的科普游戏读本。

西南大学 地理科学学院教授 **扬平恒**

你一定见过物理化学的实验，但你听说过用地理知识来做的游戏吗？这也我第一次见到，有人居然将有趣的游戏与地理知识巧妙地融合在一起。作者大胆的奇思妙想结合有趣的画风，把平时看似枯燥的地理知识用一个接一个的小游戏表达出来，让人看过之后，欲罢不能。本书真正从儿童互动式的游戏角度，完成了地理这门通识类学科从高高在上的学科知识到儿童启蒙的真正跨越，令人大开眼界。从一个读者的角度来看，不得叹服作者的神来之笔。是一套值得推荐给小朋友的真正佳作。

全网百万粉丝地理学习短视频博主
"小郭老师讲地理"创作者 郭帅

地理学是一门包罗万象的学科。日月星辰、风雨雷电、江河湖海、山石水土……我们身边的各种自然现象与环境，都是地理学所关注的对象，也都和我们的生活密不可分。《有趣的地理知识又增加了》系列共八册，对8个最具代表性的地理主题进行了有趣而深入的解读。书中文字生动而准确，绘图精细而有趣，图文巧妙结合，将深奥的地理知识以最适合孩子的方式呈现出来。特别设计的问答环节更能激起孩子的求知欲与好奇心。相信这套书能带领小读者走进地理的世界，获得丰富的知识，掌握地理的技能，更享受到地理的趣味与探索未知的快乐。

山原猫探索联合创始人 北京四中原地理教师
朱岩

小步和他的朋友们

小伙伴们大家好！我是你们的老朋友——小步，我是一只很多人都看不出来的小青蛙，呱~

这是我们的班主任绵羊老师，她年轻又漂亮。

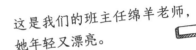

这是我们的猫头鹰老师，他睿智又博学。

这次我还带来了一些新朋友。以后我们可以一起去玩耍、游戏、探险！

大家好！我就是超级无敌可爱的龟宝宝，我的壳一点儿都不重，哈哈！不信，我转个圈给你们看。

嘿嘿，我就是无人不识、无人不爱的"国民宝贝"大熊猫，其实我一点儿都不肥，我健步如飞。

呃……到我了……我是考拉，我是从外国来的，我还有一个名字，叫树袋熊。我……我爱睡觉，不爱喝水，不过，这是不对的，你们……你们可别学我，嗯……很高兴认识你们。

哈哈，我是头上有犄角的小鹿呀，我今年8岁，是东北的，所以，没事儿别老瞅我。

大家好！我是黑夜精灵——蝙蝠大侠，我昼伏夜出，所以你们很少见到我，请珍惜和我见面的每一次机会吧，放心，我不会伤害你们的。

咳咳，你们好！我是站得高所以看得远的鸵鸟哥哥，请注意我的性别，我可不会下蛋，你们就别惦记啦。望远镜倒是可以借你们用用，先到先得哦！

大家好！我是小鳄鱼，你们不要怕，其实我也是一个宝宝，我虽然长得丑，但是我很"温柔"。我爷爷的爷爷的爷爷的爷爷的爷爷……，就已经在地球上生活了，比人类朋友还早。

终于轮到我了，我是大耳朵、长鼻子的小象。我是小伙伴们的游戏宝库，就数我点子最多，快来找我玩吧！

目 录
CONTENTS

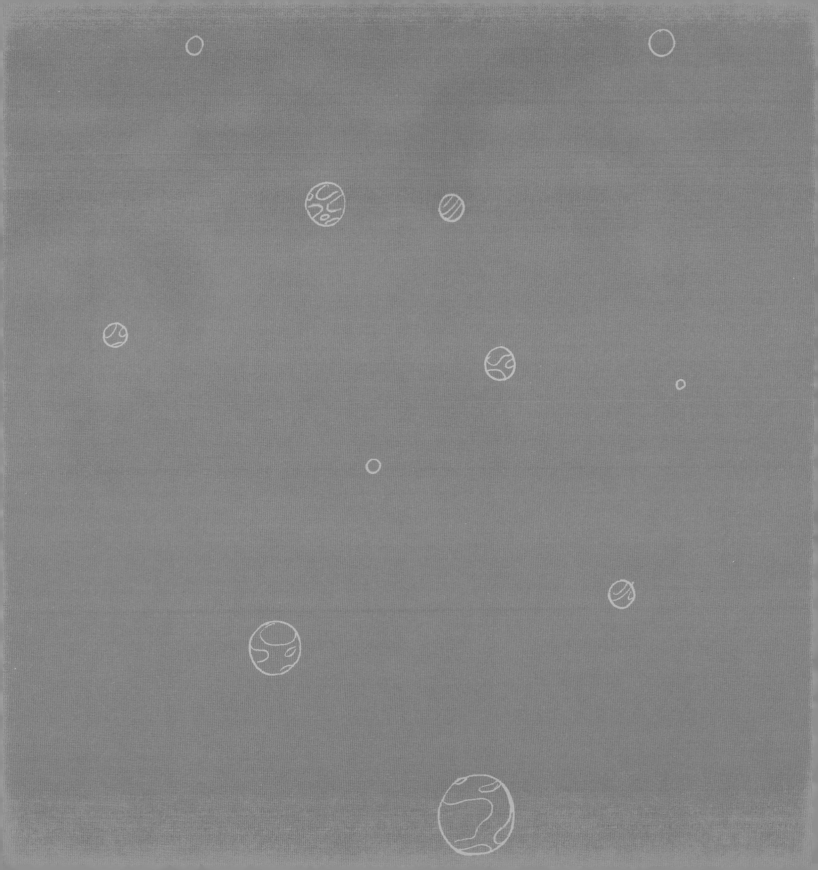

我的座位在哪里？

宝宝去哪儿了?

小步和小伙伴们一起玩"宝宝去哪儿了"的游戏,大家都藏好了。如果你是负责向大家转播这次游戏的记者,你会怎么向观众描述他们藏的位置呢?

你可以用上下左右描述法试试看!

上下左右的方法有点麻烦，有没有更好的办法呢？我们分别在这张图的横竖两个方向标上 A、B、C，1、2、3，在描述小伙伴的位置时，就非常方便了：小步藏在 C1 的位置，小鳄鱼藏在 A1 的位置，大熊猫藏在 B3 的位置。

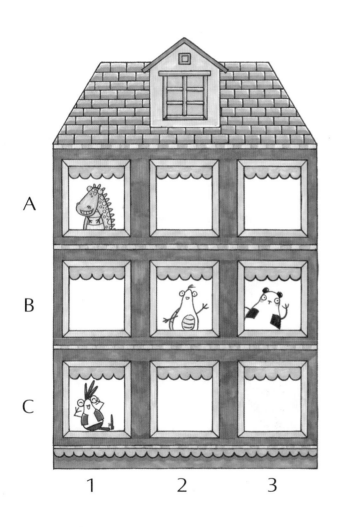

游戏开始了，这一轮是把龟宝宝找出来。龟宝宝藏在哪儿呢？你能给小步和他的小伙伴们提示一下吗？

 藏在_____的位置。

其他小朋友藏在哪儿了呢？请在辅助材料页找到他们，分别剪下，然后根据下方提示把他们贴到正确的位置上吧！

 在 A3， 在 C2， 在 A2，
在 C3， 在 B1

帮小步 拼拼图

有一幅拼图被小步不小心弄乱了，还好每一个拼图上都有编号，把它们拼拼看？（拼图在辅助材料中去找吧！）

	A	B	C
1			
2			
3			

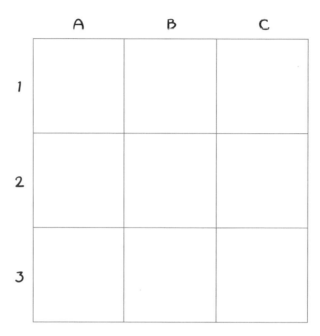

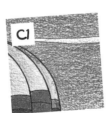

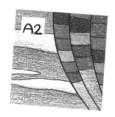
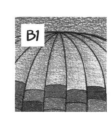
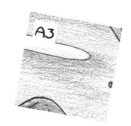

在电影院找座位

电影院正在上映小步很喜欢的电影，小步爸爸买了票带小步去看电影。小步的票上写的座位号是 4 排 6 号，爸爸的是 4 排 7 号。小步的座位在哪里？爸爸的座位又在哪里？请把小步和他爸爸的座位涂成红色。

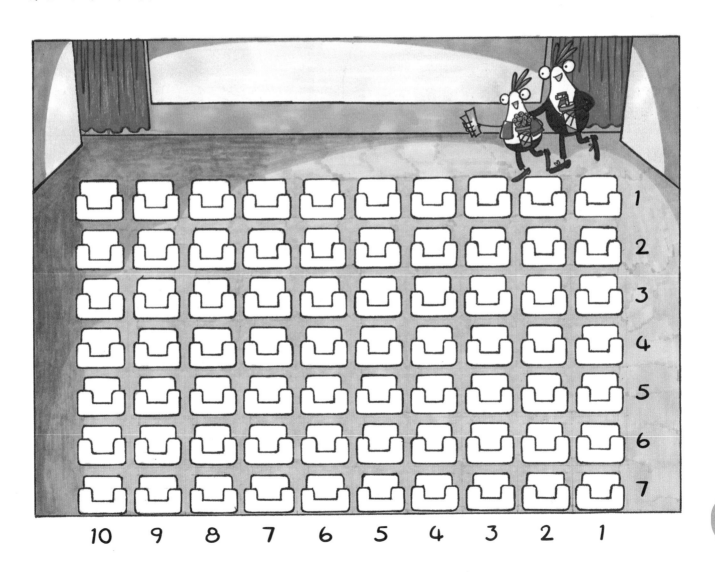

13

乘高铁，找座位

放暑假了，小步要和爸爸妈妈一起回老家看望爷爷奶奶，他们买了三张高铁票。三张高铁票的座位号分别是8A、8B、8C，他们的座位在哪儿？帮他们找出来并涂上红色吧！

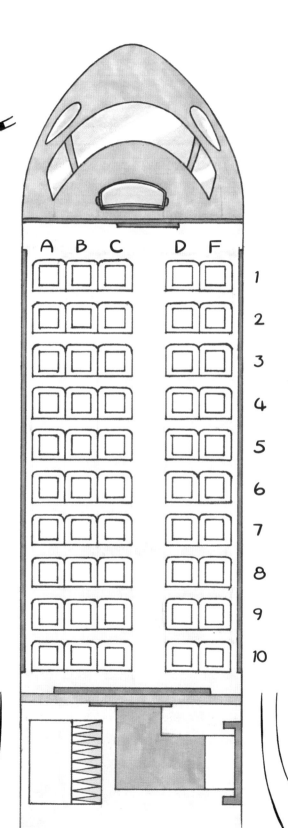

这种确定位置的方法真有意思！它的作用可不止看电影、坐火车时很方便地找到自己的座位，还可以定位地球上的任何一个地点呢！小步过生日的时候，朋友送给他一台地球仪，上面有很多横横竖竖的线，横线叫作纬线，竖线叫作经线。有了它们，就可以快速地找到地球上的任何一个地方。

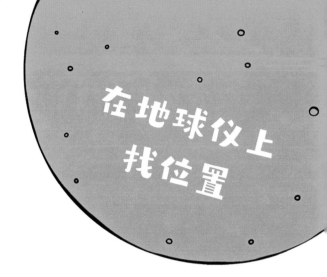

北极

A

南极

1.小步想找一个在西经80°（80°W）、北纬60°（60°N）的地方，它在哪个位置呢？

2.小步应该如何向他的朋友描述 A 点的位置？

3.和爸爸妈妈一起，在地球仪上查一下自己家在地球上的位置。

不会丢失的尺子

一起来玩传球游戏吧！

小步和好朋友大熊猫、小鹿一起玩传球的游戏。游戏的规则是：小步要把球传给距离他最远的伙伴，大熊猫要把球传给距离他最近的伙伴。

可是怎么才能知道他们之间的距离呢？

大熊猫提出用他最喜欢的竹子来表示两点之间的距离。

大熊猫和小步之间的距离有＿＿＿节竹子，
小步和小鹿之间的距离有＿＿＿节竹子，
大熊猫和小鹿之间的距离有＿＿＿节竹子。

按照游戏规则：

小步应该把球传给＿＿＿＿＿＿，
大熊猫应该把球传给＿＿＿＿＿＿。

测量的好帮手——尺子

测量长度和距离，除了竹子外，还可以用尺子。小步的爸爸送给小步一把15cm（厘米）长的直尺，并且为小步示范了如何使用尺子来测量长度。小步很快就学会了用尺子，他拿着尺子量量这，量量那，忙得不亦乐乎。

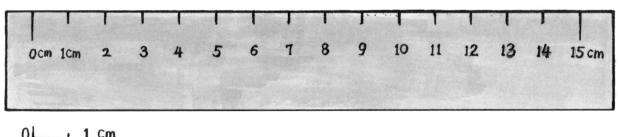

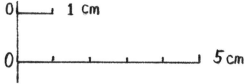

1.《我的第一本地理启蒙书》是小步最心爱的书，这本书的宽度是17厘米。找一本你最心爱的书，量一量它的宽度吧。

14 cm

2. 这是小步心爱的玩具车，这个玩具车的长度是14厘米。量一量你最喜爱的玩具，看看它有多长？

3. 量量你手边东西的长度，并把它们记在下面。

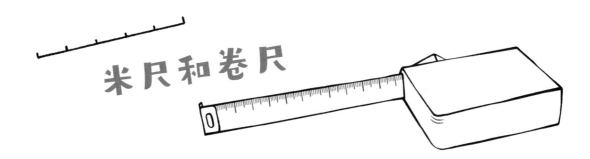

米尺和卷尺

小步在家里量得还不过瘾，他想出去量一下门口两棵树之间的距离。小步爸爸叫住了他："两棵树离得很远，如果用你手里的小尺子去量一定会累得气喘吁吁的。如果测量比这把尺子长得多的东西，可以使用更长的米尺或者卷尺。"

这两棵树之间的距离是＿＿＿ m（米）。

不会丢失的尺子——手

小步和他的朋友们一起去爬山，在树林里发现了一个奇怪的脚印，以前从来没有见过。"应该拍下来回去给猫头鹰老师看看，说不定是一种新物种呢。"小步说。"是的，是的！"大家一致赞同。拍完后，小鹿提醒大家，除了形状之外，还应该量一下脚印的大小。可是他们身上没带尺子怎么量呢？

小步记起爸爸说过的话：每个人身上都有一把不会丢失的尺子——手。

我们通常把 这么长的长度叫作"一拃（zhǎ）"（即张开手掌，拇指指尖到中指指尖的最大长度）。当我们身边没有尺子的时候，我们可以用手比划一下来粗略地测量长度。

每个人手的大小不一样，每个人的一拃也不一样，量一下自己手一拃的长度：_____厘米，记住这个数，它就是你随身带的尺子。

不会丢失的尺子——脚

猫头鹰老师在得到奇怪脚印的照片和大致尺寸后，判断出这种动物很可能是地鼠，之前从来没有在这一带出现过。爬山竟然还能这么有趣，小伙伴们的兴致更高了，常常去周围爬山。一天，他们在往树林深处走的时候，发现了一个大湖，怎么把这个湖的大小告诉猫头鹰老师呢？

我们除了手可以做尺子外，身上还有另外一种不会丢失的尺子——脚。

我们通常把走路时前脚尖和后脚尖之间的距离叫作一步。用步数可以测量两个地点之间的距离。

量一下自己一步的距离：_____厘米，记住这个数，以后如果需要测量长一点的东西时，它很管用。

数一数，小步沿着湖边走了_____步，根据小步一步的长度，可以推断出这个湖的周长约合_____厘米。

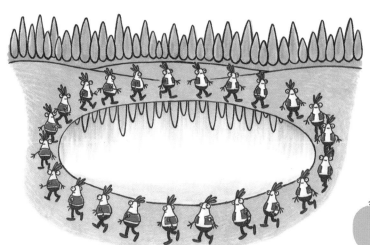

远在天边，近在咫尺

给你一根"金箍棒"
——比例尺

湖周围的景色太美了，小步想把它画出来，可是湖那么大，怎么才能把它准确地画在小小的纸上呢？这就需要用到比例尺了。

你一定听过孙悟空的故事吧！孙悟空有根神奇的金箍棒，它大到可以直入云霄，小到可以藏在耳朵里。比例尺就像孙悟空的金箍棒，有神奇的魔法，它可以把大的物体变小，也可以把小的物体变大。

有了比例尺，你在纸上画一个湖、一棵树、一座房子，你不必把它们画得和真的事物一样高、一样大，也能让人明白实际有多大。你在纸上画蚂蚁、小昆虫，也不必把它们画得和真的事物一样那么小，大家也能明白实际有多小。

我们在纸上画图时，用图上的一段距离代表实际中一段距离，这就是比例尺。

小步把他们家门前的三棵树画在了纸上，他用的比例尺是：图上1厘米代表实际距离5米。你能根据小步画在纸上的距离，计算出三棵树之间的实际距离吗？

A 树和 B 树之间的距离：_____米

B 树和 C 树之间的距离：_____米

A 树和 C 树之间的距离：_____米

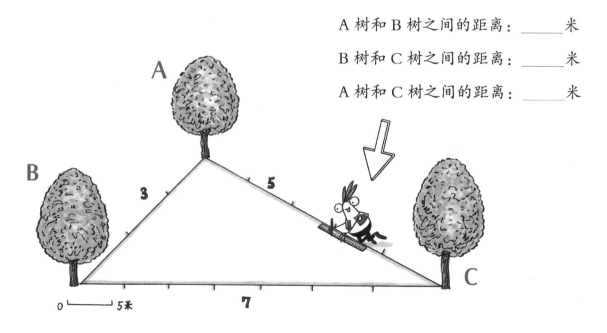

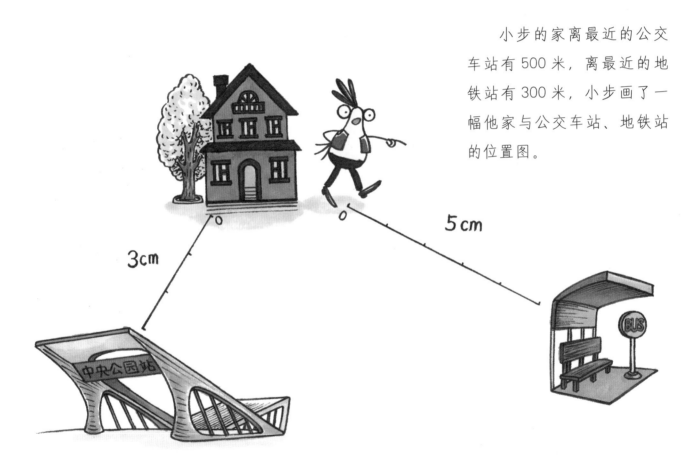

小步的家离最近的公交车站有 500 米，离最近的地铁站有 300 米，小步画了一幅他家与公交车站、地铁站的位置图。

3cm

5cm

中央公园站

BUS

根据小步所画的图上距离，可以算出小步这幅图的比例尺是图上 1cm（厘米）相当于实际_____米。

画一画，游泳池的平面图

小步家附近新建了一个游泳池，这个游泳池长 20 米、宽 10 米。如果要画一个比例尺是图上 1 厘米代表实际距离 5 米的游泳池，该怎么画呢？

0 ⊢———⊣ 5米

画一画，小步房间的平面图

小步的房间是一个长4米、宽3米的长方形的房间，小步想画他的房间，应该用什么比例尺比较合适呢？聪明的你给小步出出主意吧！按照你设计的比例尺把小步的房间画出来吧（只用画出房间的边界）。

"简笔画"做标记，
清清楚楚看图例

地图上的图形——图标

小步发现在爸爸画好的图上，常常有这样的图形：

小步问爸爸这些图形是什么。爸爸解释道，这些图形常常用来在图中代替实际的东西，这样画起来简单，也方便别人辨认。小步爸爸画过很多这样的图形，你能认出小步爸爸画的是什么吗？

连一连，试试看。

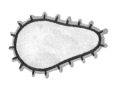 医院

 加油站

 飞机场

 长城

 湖泊

 河流

设计你的专属图标

原来图标的设计这么简单，小步跃跃欲试，他也想设计属于自己的图标。

你可以吗？快来试试看吧！

汽车	铁路	裙子	房子

有说明的图标——图例

周末，小步和妈妈一起逛商场。回家后，爸爸问小步都逛了些什么店，小步拿起画笔给爸爸画了一幅图。为了让爸爸看得明白，小步还加上了自己设计的图标。

但是，有几个图标，爸爸没看懂画的是什么。小步的爸爸提示说，要配上说明别人才能看懂，这种加了说明的图标叫图例。

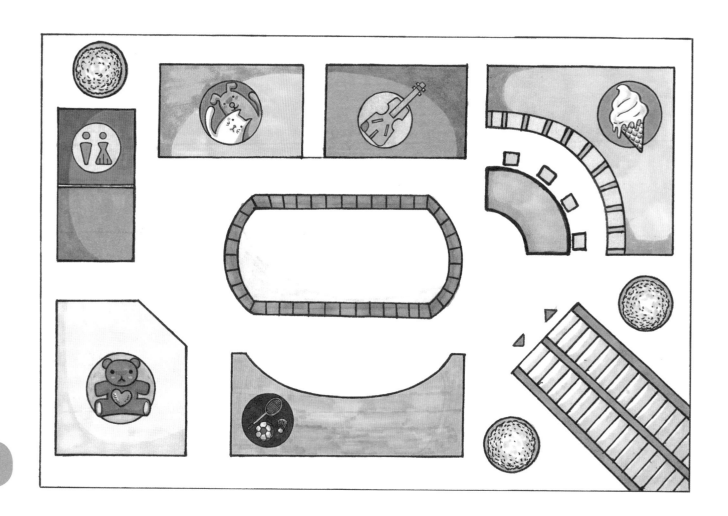

你能看懂小步画的这几个图标都代表什么吗？请你帮小步完善一下这幅图的图例吧。把图标和文字说明连起来就是一个完整的图例。

卫生间

宠物店

乐器店

冰激凌店

运动器材店

玩具店

小步的野餐地图

去野餐啦！小步和朋友们玩得很开心。回家后，小步画了一幅野餐地点的图给爸爸妈妈看，还特意配上了图例呢！这次爸爸妈妈一定能够看得懂了吧。

山 湖 河 路 桥 帐篷 树林 野餐桌

小步的爸爸妈妈看懂了，你看懂了吗？根据小步画的图，你能把下面的信息填写完整吗？

_____ 在 〜 和 〜 的交叉处，离小步最近的 🍃 在 ◎ 的 _____ 边。🪑 在 〜 的 _____ 边。🔺 在图中西南边那两棵 🍃 的 _____ 边，⛺ 是 _____ 。

游乐场、海洋馆、动物园在哪里？

小步家附近有几个他经常去玩的地方。游乐场在小步家的正北边，距小步家 3 千米；海洋馆在小步家的正南边，距小步家 4 千米；动物园在小步家的正东边，距小步家 5 千米。小步想在纸上画出游乐场、海洋馆、动物园的位置。小步已经确定好了图的方向和比例尺，你能帮小步把剩下的完成吗？别忘了先设计出游乐场、海洋馆和动物园的图例，设计图例很简单，可以试试自己喜欢的图形！

北

小步家

0 1千米

哇！新房间的平面图

小步的新房间

小步搬新家了，在新家里他有了自己的房间。布置完房间，小步想把自己的房间画出来寄给远方的朋友看。

可是看着房间里这么多家具，小步一时犯了难，应该怎么把自己的房间画出来呢？他只得向爸爸求助，爸爸说："我教你一种画房间的方法，既有趣、实用，又很简单，它叫'平面图'。"

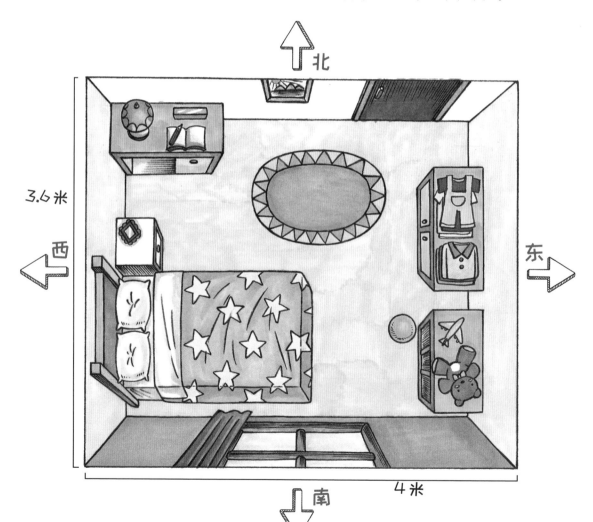

如何画平面图?

第一步,测量房间大小。

小步试着用好几种方法来测量房间的大小,(你能想出几种方法来?)测量出来的结果是:长 4 米(400 厘米),宽 3.6 米(360 厘米)。

第二步,确定比例尺。

小步在家里找了一张纸,这张纸长 20 厘米、宽 15 厘米,如果在这张纸上画平面图,小步用多大的比例尺比较好呢?快来帮小步从下面的选项中选一个合适的比例尺吧!

A. 图上 1 厘米代表实际距离的 2 米(200 厘米)

B. 图上 1 厘米代表实际距离的 0.4 米(40 厘米)

C. 图上 1 厘米代表实际距离的 10 米(1000 厘米)

第三步，确定房间在纸上的方向。

在纸上作图时，一般按照上北下南、左西右东的原则。

小步准备先在纸上画出房间的边界，可是，应该把哪边画在上边，哪一边画在左边呢？

不妨先问自己以下几个问题：

房间的门在房间的（东／西／南／北）侧，

门所在的一侧是房间比较（宽／窄）的一边。

房间的床头靠房间的（东／西／南／北）侧，

床头所在的一侧是房间比较（宽／窄）的一边。

有门的那一侧应该画在平面图（上／下／左／右）边，

床头的那一侧应该画在平面图（上／下／左／右）边。

第四步，在纸上画出房间的边界。

小步决定选用图上 1 厘米代表实际距离 0.4 米（40 厘米）的比例尺来画房间的平面图。

根据这个比例尺，小步画在纸上的房间，应该是多大？

长：_____厘米　　宽：_____厘米

小步按照这个尺寸先把房间画了下来，并标上了方向。请你把房间的边界画在下面的花边框里吧！

小步新房间平面图

第五步，测量房间内物品的尺寸。

"床、书桌、衣柜、玩具柜……"小步在看房间里都有哪些家具。小步把它们一一量了尺寸，并把数据记录在了纸上。

床	长：2 米
	宽：1.2 米
窗	宽：1.6 米
书桌	长：0.8 米
	宽：0.4 米
门	宽：0.8 米
玩具柜	长：0.8 米
	宽：0.4 米
衣柜	长：1.2 米
	宽：0.4 米
床头桌	边长：0.4 米

第六步，确定物品在房间中的位置。

小步在纸上写下了这些信息（根据第42页的小步新房间示意图填空）：

我现在正站在门口，门的一边距离 东 边的墙有 40 厘米。

房间的窗户在 ____ 边的墙上，它在那面墙的正中间，窗户的两边距两侧的墙各有 1.2 米的距离。

床头朝 ____，床的一边离 ____ 边的墙比较近，只有 20 厘米。

床的 ____ 边是我的床头桌，桌面是方的，边长 40 厘米。我的床和床头桌之间有 20 厘米的距离。

房间里还有两个柜子：衣柜和玩具柜，它们都靠在 ____ 边的墙上。

玩具柜差不多在房间 __ 角的位置，离 南 边的墙只有 20 厘米。

衣柜在玩具柜的 ____ 边，两个柜子之间的距离是 1.2 米。

在我房间的 ____ 角有一张书桌，桌子较长的一边靠在 ____ 边的墙上，较短的一边靠在 ____ 边的墙上。

现在假设你可以飞在房间的上方，俯视房间里的一切，你将只会看到这些物品朝上的那一面。比如一张桌子，我们只会看到它顶部的桌面——一个长方形，我们通常在平面图中就会画一个长方形来代表那张桌子。

请你根据前面确定好的比例尺，把物品朝上一面的形状按照图上的大小，画在第 45 页画好的房间边界图里吧。画完之后，别忘了标上方向还有比例尺哦。

这样平面图就大功告成啦！

我家的平面图

请你根据小步画自己房间平面图的方法，画下自己的房间或者家里的任意一个空间的平面图吧，记得把比例尺、图例和方向标都加上。

动手画地图

跟着小步画地图

小鳄鱼很好奇小步每天上学都会经过哪里，有没有什么有趣的地方。小步和爸爸商量着给小鳄鱼画一幅地图，上面标着从小步家到学校去的路线，这样小鳄鱼就能一目了然地知道小步上学的路线了。

请你帮小步完成下面的任务，和他一起画一幅地图吧。

Step1：确定方向

小步说："我们先要做什么呢？"

爸爸说："这是一张白纸，我们需要先在上面画一个指北的方向标，确定出北方。我们家在西北方，学校在东南方，我们可以先在图中确定出我们的家和学校的位置，画出从家到学校的大概路线。"

下面哪一个是他们画出来的地图呢？

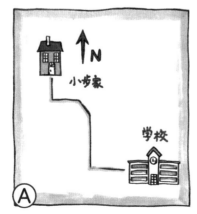

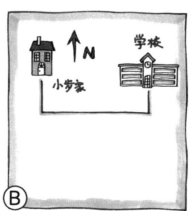

48

Step2: 描述路线

小步说："现在，我们是不是该画一画这一路上我们会经过哪里了？"

爸爸说："对，现在我们出发去学校吧！记得记录下从家到学校这一路上你会经过哪里，看到什么，把它们一步一步地描述出来。"

小步一边走，一边向爸爸描述他经过的地方，你能将他的描述和对应的示意图连线吗？（注意标记与提示）

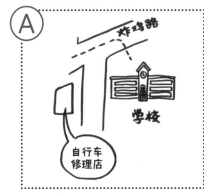

1. 小步说："从家出来后，我们会看到一个蛋糕店，我们可以先向 东 走 100 米，就可以从蛋糕路走到冰激凌路上。我再往 东南 方向走 100 米，一直走，我会遇到一个冰激凌店。"

2. 小步说："接着，我们可以从冰激凌路往 南 走，就会走到汽水路，在汽水路上走 400 米，我会遇到一个汽水店。"

3. 小步说："我们沿着汽水路向 东北 转弯，会走到炸鸡路上，炸鸡路与汽水路相交的地方，有一个自行车修理店。"

4. 小步说："最后，我们沿着炸鸡路一直向 东北 走 300 米，就能走到学校啦。"

Step3: 确定比例尺

如果小步地图的画纸有10厘米长、10厘米宽，而他们测量了从家到学校的距离大约要走700米。所以如果不想让地图画得太大或者太小，他们选定哪个比例尺比较好呢？

A.1cm:10000m　　B.1cm:10m　　C.1cm:100m

小步实际测量了一下，蛋糕路有200米，冰激凌路有200米，汽水路有400米，炸鸡路有600米。按照上面选择的比例尺，在小步的地图上，蛋糕路应该画____厘米，冰激凌路应该画____厘米，汽水路应该画____厘米，炸鸡路应该画____厘米。

Step4: 画出示意图

小步将Step2中描述的路线图，按照比例尺画完整，就是一张简单的示意图草图啦！

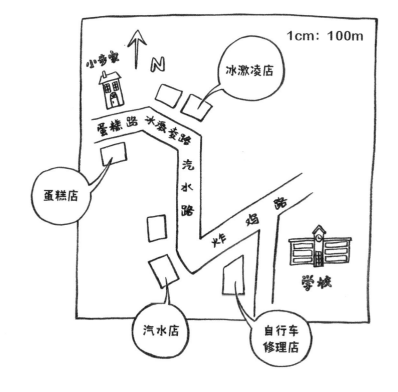

小步说："爸爸，我还知道从另一条小路也可以从冰激凌路走到汽水路上，这条路能路过小花园，小花园里有鸽群，我常常走这条路去喂鸽子。"

"你可以加上这条路，这样小鳄鱼就知道你还有这样一条有意思的路线了。"爸爸说着，还帮小步画出了一个商店和2条路：

1.学校的西边还有一条南北方向的路，那是烤鸭路；

2.烤鸭路与炸鸡路交叉的东北角有一个烤鸭店；

3.炸鸡路向东能通到很远。

"我们也需要把这些地方补充完整，这样小鳄鱼就知道这些地方是什么。"爸爸一边画一边说。

于是，小步的路线图中又有了一个小花园、一条南北方向的烤鸭路、一个烤鸭店，炸鸡路也通向了很远很远的东边。

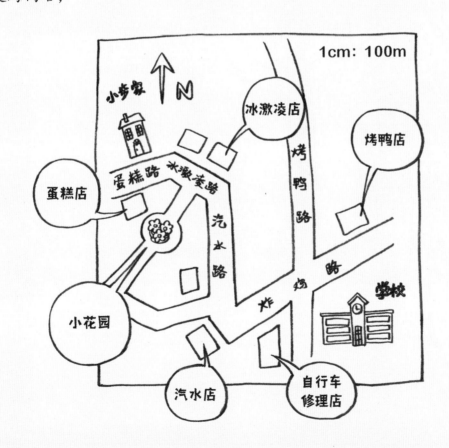

↑ Step5: 涂颜色

为了让小鳄鱼看得更明白，小步又加了路上遇到的一些事物：树木、草坪、小河、小桥。小步想象从天空中往下看它们的样子，还给它们涂上了不同的颜色。请你也帮小步涂一涂下面提到的颜色吧！

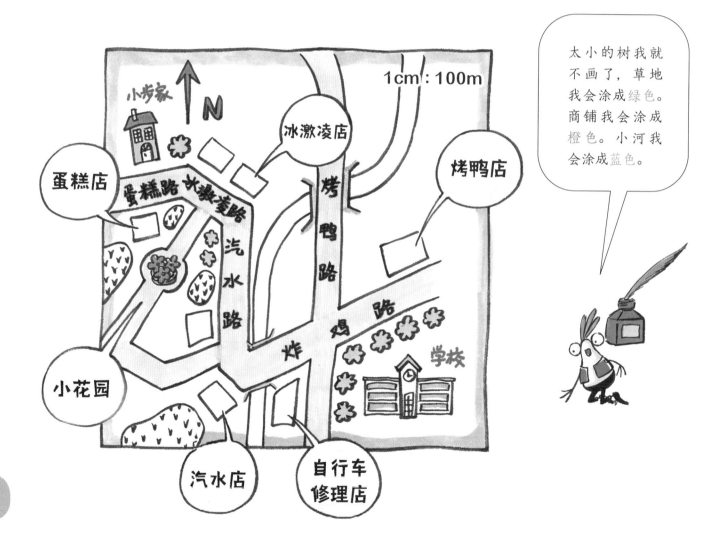

太小的树我就不画了，草地我会涂成绿色。商铺我会涂成橙色。小河我会涂成蓝色。

Step6: 画图例

最后，小步给这张地图里的树木、草坪、小河、小桥都设计了图例。小步还想给冰激凌店、汽水店、蛋糕店、自行车修理店、烤鸭店和小花园设计图例，你能帮他设计出来吗？

冰激凌店

汽水店

蛋糕店

自行车修理店

烤鸭店

小花园

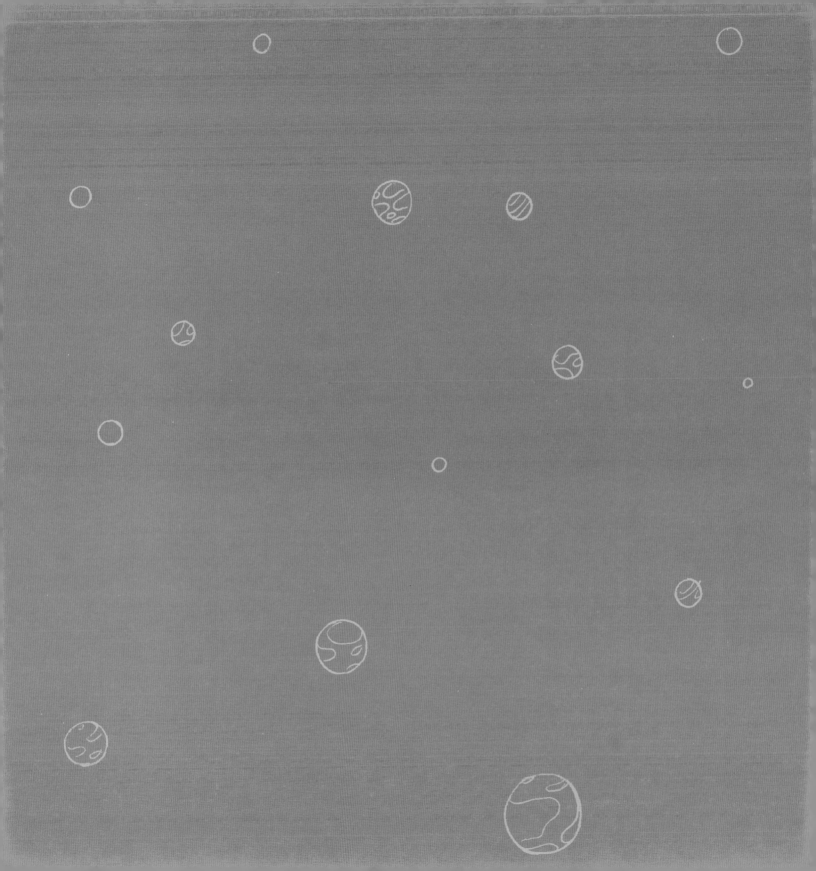

会看地图不迷路

赢得"夺宝行动"

小步的学校举行了一次"夺宝行动"主题定向越野赛。越野赛在温泉森林公园内举行。这次越野赛的玩法是：所有人从同一起点出发，需要在9个打卡地点按照地点编号的顺序集齐9把钥匙，最快到达终点的人可以获得终极大奖。

---

1. 老师给每个小伙伴发了一张标记了打卡地点的地图，为了让大家先熟悉地图，老师决定考一考大家：

   温泉森林公园的起点处在温泉森林公园的_____方。

   5号点在3号点的_____方。

   7号点在温泉森林公园的_____方。

2. 4号点和5号点之间的直线距离是_____米，8号点距离温泉森林公园入口处（即1号点）的直线距离是_____米。

3. 这幅地图的图例不太完整，你能帮工作人员设计一下空缺的几个图例吗？

4. 为了在最短的时间内取得"夺宝行动"的胜利，必须选择最短的路线，聪明的你帮小伙伴们选择一条最短的路线吧！请用彩笔把路线画出来。

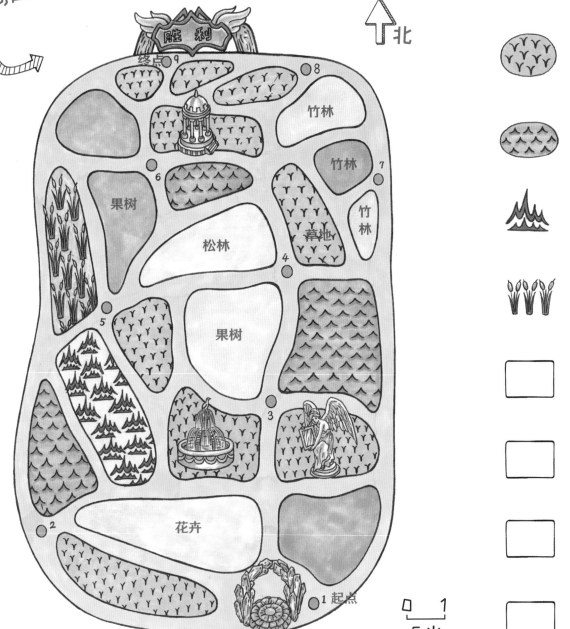

温泉森林公园
定向越野地图

胜利

北

草地

湖泊

石林

湿地

花卉

竹林

松林

果树

竹林

竹林

竹林

果树

松林

草地

果树

花卉

终点 9

8

7

6

5

4

3

2

1 起点

0 1
5 米

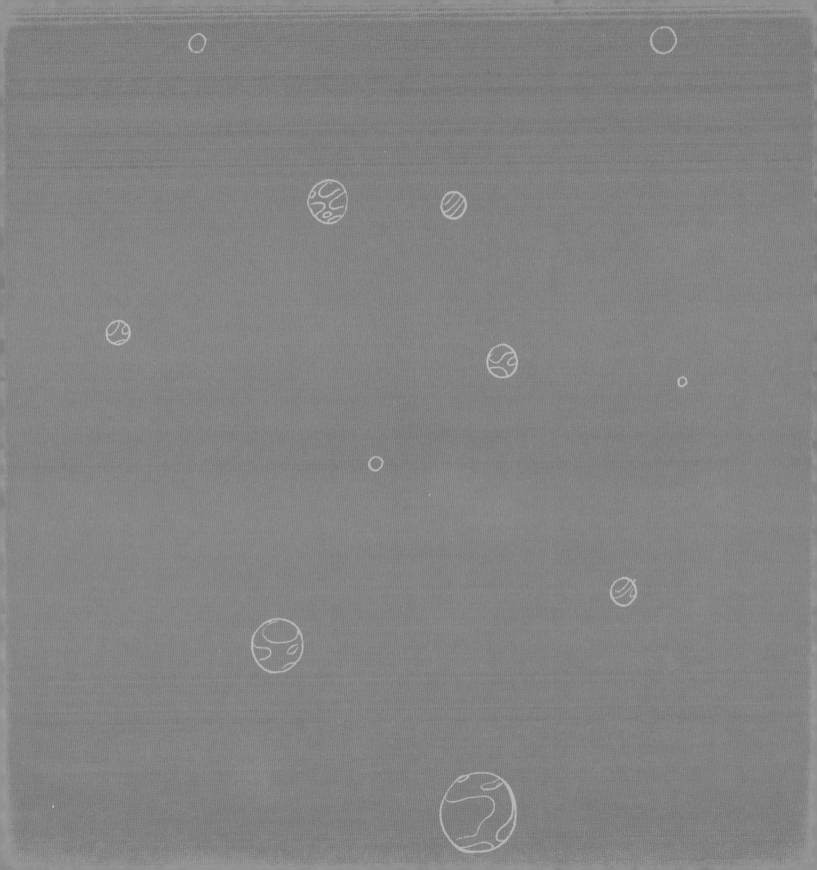

跟着地图去旅行

看地图，逛动物园

小步最喜欢和爸爸一起逛动物园，他和爸爸在动物园里一逛就是一整天。快到关门时间了，他们得回家了。动物园太大了，简直就是一座大大的迷宫。小步和爸爸两人已经在动物园里绕晕了，找不到回去的路。还好他们进园时拿了张地图，你能和他们一起用地图找到出口吗？

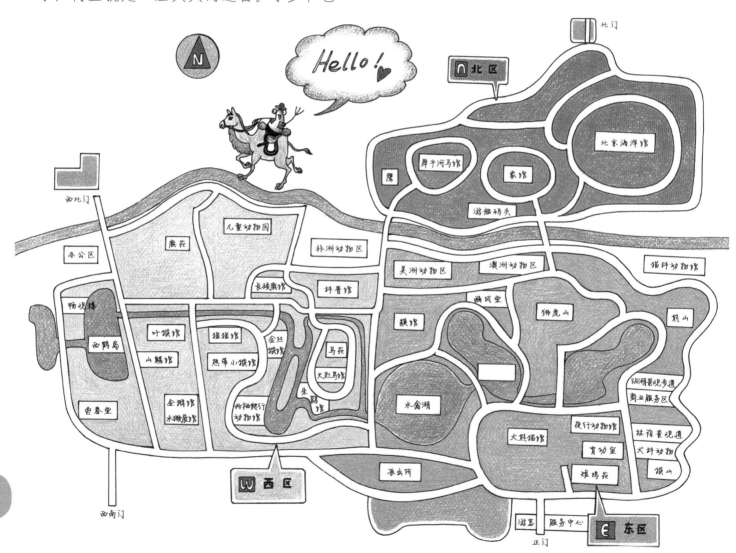

第一步，确定自己的位置。

爸爸：我们先看看现在我们在地图上的哪个地方。

你能找出小步和爸爸现在在地图上所处的位置吗？把它在地图中圈出来。

第二步，辨认方向。

爸爸：我们要辨认一下四周的方向了。现在我们来把地图的方向转一转，让地图里的景物和咱们眼前的景物方向一致。

小步已经把地图上的方向调整好，和眼前的景物一一对应了，小步四周分别是哪个方向你知道了吗？请你把东、西、南、北四个方向写在下面的图上吧！

第三步，找到一条路线。

小步和爸爸找到了自己在地图上所处的位置，也知道了周围的方向，小步用笔把他们所处的位置在地图上标了一个字母 A，又在地图上找到了他们要去的地方——正门，标上了字母 B。

爸爸说："咱们在地图中找一条从 A 点到 B 点最短的路线吧。"

你能在地图中找到一条走到正门口的最短路线吗？把它画出来吧！

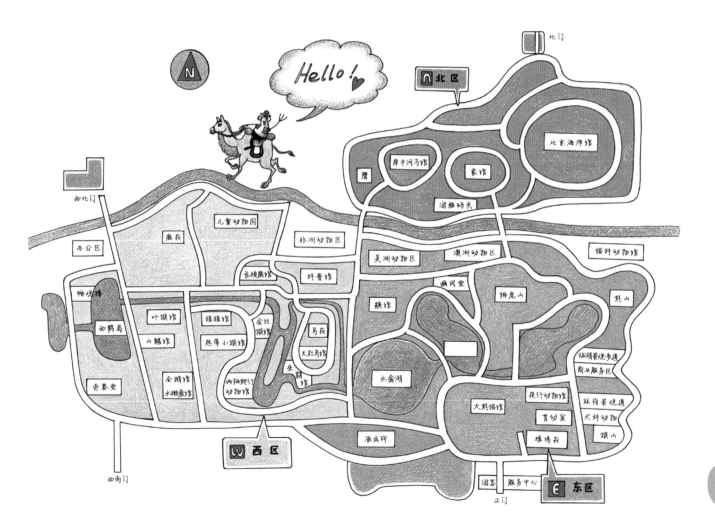

第四步，按照选好的路线，到达目的地。

爸爸：现在我们按照地图中的路线出发吧。注意在每一个路口都要判断一下要走的方向，这样就不会走错了。

1.小步和爸爸应该往_____走，沿着这条路一直走到尽头。

2.这里有两个路口，应该往_____走，沿着这条路一直走到尽头。

3. 又到了岔路口的位置，小步和爸爸应该往_____走。

4. 看到岔路口后往公园出口指示的方向走就可以了，公园出口的方向是_____方。

答案
ANSWERS

第11页

B2

第13页

第14页

第12页

A1	B1	C1
A2	B2	C2
A3	B3	C3

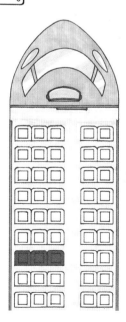

第15页

1.西经 80°、北纬 60° 的地方在此。

2.A 点的位置是 西经 100°、
　南纬 20°。

第18页

3；5；4
小鹿，小步；

第21页

这两棵树之间的距离是 80 米。

第23页

数一数,小步沿着湖边走了 23 步,
根据小步一步的长度,可以推断出这
个湖的周长约合 690 厘米。

第26页

15；35；25

第27页

图上 1 厘米 = 实际 100 米

第28页

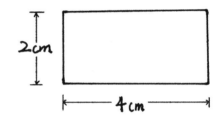

第32页

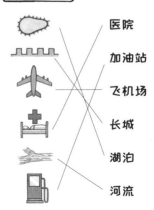

医院
加油站
飞机场
长城
湖泊
河流

第43页

长：_10_厘米　宽：_9_厘米

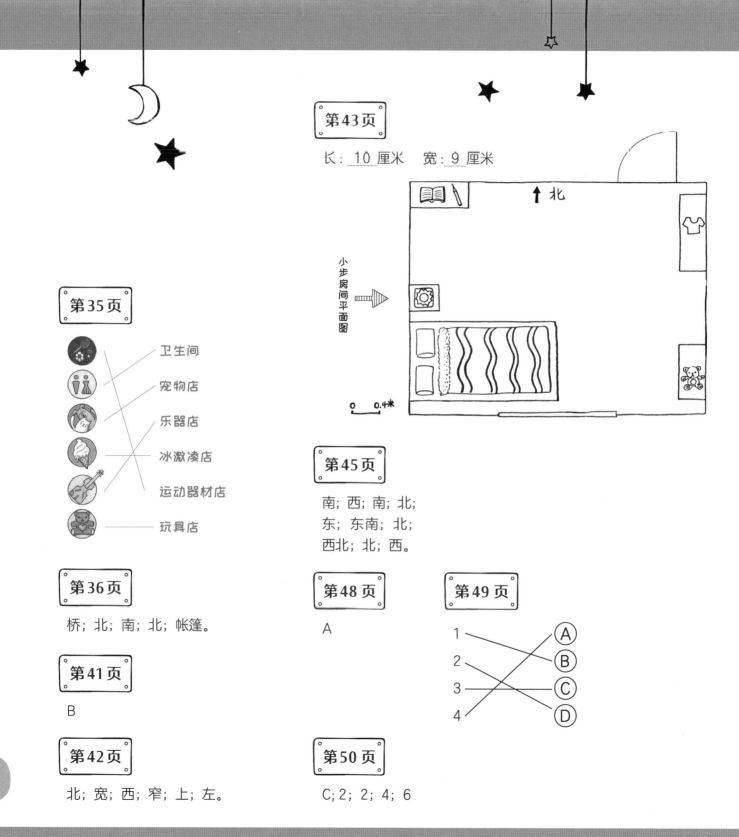

小步房间平面图

↑北

0   0.4米

第35页

卫生间
宠物店
乐器店
冰激凌店
运动器材店
玩具店

第36页

桥；北；南；北；帐篷。

第41页

B

第42页

北；宽；西；窄；上；左。

第45页

南；西；南；北；
东；东南；北；
西北；北；西。

第48页

A

第49页

1 — B
2 — D
3 — C
4 — A

第50页

C；2；2；4；6

第52页

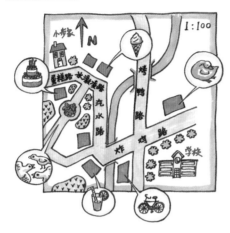

第53页小步为图例设计的图案已经标在这幅画上了，和你设计的一样吗？

第56、57页

1. 东南；西北；东北；
2. 22.5；62.5 米
4.

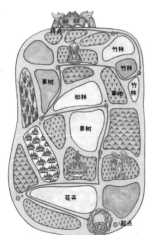

第61页

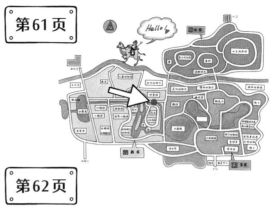

第62页

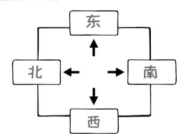

第63页

第64页

东

第65页

南

第66页

东

第67页

南

审图号:GS（2022）2722号

此书中第9、15、69页地图已经过审核。

图书在版编目（CIP）数据

这就是地图 / 郑利强主编；王晓著；段虹绘. --北京：电子工业出版社，2022.6

（有趣的地理知识又增加了）

ISBN 978-7-121-42985-9

Ⅰ.①这… Ⅱ.①郑…②王…③段… Ⅲ.①地图 – 少儿读物 Ⅳ.①P28-49

中国版本图书馆CIP数据核字（2022）第032376号

责任编辑： 季　萌

文字编辑： 邢泽霖

印　　刷： 北京利丰雅高长城印刷有限公司

装　　订： 北京利丰雅高长城印刷有限公司

出版发行： 电子工业出版社

　　　　　北京市海淀区万寿路173信箱　邮编：100036

开　　本： 889×1194　1/12　印张：42　字数：213.6千字

版　　次： 2022年6月第1版

印　　次： 2025年2月第3次印刷

定　　价： 198.00元（全8册）

凡所购买电子工业出版社图书有缺损问题，请向购买书店调换。若书店售缺，请与本社发行部联系，联系及邮购电话：（010）88254888，88258888。

质量投诉请发邮件至zlts@phei.com.cn，盗版侵权举报请发邮件至dbqq@phei.com.cn。

本书咨询联系方式：（010）88254161转1860，jimeng@phei.com.cn。